NOTIONS STATISTIQUES

SUR LA LIBRAIRIE

POUR SERVIR A LA DISCUSSION

DES

LOIS SUR LA PRESSE,

Par M. le Comte Daru.

PARIS.

IMPRIMERIE DE FIRMIN DIDOT,

IMPRIMEUR DU ROI ET DE L'INSTITUT,

RUE JACOB, N° 24.

1827.

J'ai beaucoup entendu parler des abus de la presse ; j'ai voulu en connaître les produits.

Il m'a semblé qu'un tableau de tout ce qui est sorti des imprimeries françaises pendant une suite d'années présenterait, en quelque sorte, une statistique intellectuelle, et ferait connaître la direction de l'esprit public. C'est bien ici qu'il doit être permis de rappeler ce mot si connu, que *la littérature est l'expression de la société*. Dans ce genre de consommation, comme dans tous les autres, la fabrication se conforme au goût du consommateur ; d'où il suit que, si on est mécontent de la presse, il ne suffit pas de lui donner des entraves, c'est l'esprit public qu'il faut changer.

Une telle entreprise est beaucoup plus haute qu'une loi de police, beaucoup plus digne d'un gouvernement éclairé.

Mais avant d'essayer cette réforme il faut se demander si elle est nécessaire, et s'il est vrai que l'esprit humain aille en se pervertissant de jour en jour. Les déclamations ne prouvent rien : ce sont les faits qu'il faut consulter. Pour résoudre cette question, j'ai cherché à présenter, sous une forme très-simple et dans un ordre systématique, tous les produits de l'intelligence qui sont sortis des presses françaises depuis 1811 jusqu'à ce jour.

Ce relevé, dans lequel on a apporté toute l'exactitude possible, fait apercevoir d'un coup-d'œil la nature des études, ou, si l'on veut, des lectures, vers lesquelles le goût du public s'est porté. Deux résultats évidents frappent au premier coup-d'œil : le goût de la lecture s'est fort répandu ; et ce goût s'est dirigé vers les études graves aux dépens des amusements frivoles. Il est des esprits chagrins qui ne trouveront pas qu'il y ait lieu de s'en féliciter : la philosophie, diront-ils, a fait de funestes progrès ; je n'en sais rien, mais ce que je sais c'est que s'il y avait plus de philosophie nous n'en serions pas à délibérer sur l'existence de quelques moines ; ils ne seraient pas dangereux. Au reste, il ne s'agit pas ici de discuter telle ou telle opinion ; il s'agit des faits : je les expose, et j'en livre les conséquences à la sagacité de tous ceux qui voudront jeter les yeux sur ces tableaux.

TABLEAUX STATISTIQUES

DES PRODUITS DE L'IMPRIMERIE EN FRANCE,

DEPUIS 1811 JUSQUES ET COMPRIS 1825.

Ces tableaux ont été faits sur l'utile ouvrage que M. Beuchot publie depuis 1811 sous le titre de *Bibliographie de la France*. Le relevé de l'année 1826 n'a pu y être joint parce que les éléments n'en sont pas encore complétement publiés ; mais on peut annoncer que les produits de cette année excèdent d'un cinquième ou d'un sixième ceux de l'année précédente.

On n'a pas cru devoir distinguer les ouvrages par format, parcequ'on a pris la feuille pour l'unité, qui devait servir de base au calcul. Peu importe que cette feuille soit pliée en deux, en quatre, en huit, en douze.

Pour simplifier ces tableaux, on a réduit les subdivisions bibliographiques, à ce qui pouvait exciter la curiosité du lecteur.

La *Bibliographie de la France* ayant cessé d'indiquer le nombre d'exemplaires tirés de chaque ouvrage, il a fallu y suppléer par des multiplicateurs moyens pris sur un très-grand nombre d'exemples pour chaque subdivision.

Année 1811.

Novembre et Décembre (on n'a pas de renseignements pour les 10 premiers mois.)

FACULTÉS.	SUBDIVISIONS.	NOMBRE des ouvrages.	NOMBRE DES FEUILLES que les ouvrages contiennent.	tirées.	TOTAUX GÉNÉRAUX des feuilles tirées.
THÉOLOGIE	Textes sacrés, traductions et commentaires.............	10	116	255,818	
	Liturgie et livres de prières......................	23	279	528,669	
	Catéchistes, mystiques, ascétiques, etc...............	73	830	1,725,265	2,509,752
		106	1,225	2,509,752	
LÉGISLATION...	Française......................................	43	1,031	1,802,400	
	Ancienne et étrangère...........................	1	65	65,000	
	Jurisprudence..................................	22	441	964,262	2,831,662
		66	1,537	2,831,662	
SCIENCES......	Sciences en général et mémoires des sociétés savantes ...	10	128	29,200	
	Mathématiques.................................	29	323	516,783	
	Physiques.....................................	81	1,424	1,668,320	2,214,303
		120	1,875	2,214,303	
PHILOSOPHIE...	Morale et métaphysique..........................	11	198	234,273	
	Éducation.....................................	15	124	176,025	410,298
		26	322	410,298	
Économie politique, administration, finances, commerce, etc.............		15	128	133,187	133,187
Art, administration et législation militaire......................		24	281	1,147,400	1,147,400
Beaux-Arts........		16	191	161,525	161,525
BELLES-LETTRES.	Introduction aux belles-lettres, grammaires, dictionnaires..	57	646	1,233,072	
	Rhétorique et éloquence.........................	20	159	216,768	
	Poëmes en prose, romans et contes.................	52	575	665,858	
	Philologues, critiques, mélanges, polygraphes, bibliographie..	61	648	725,355	
	Poétique et poésie..............................	70	457	786,913	3,781,826
	Poésie dramatique..............................	37	156	153,860	
		297	2,641	3,781,826	
HISTOIRE......	Géographie....................................	7	181	855,106	
	Voyages.......................................	18	341	338,500	
	Chronologie...................................	»	»	»	
	Antiquités, mœurs, coutumes.....................	6	69	35,700	
	Histoire universelle............................	1	41	42,919	
	Histoire sacrée et ecclésiastique..................	6	154	191,125	
	Histoire ancienne, grecque, romaine et du Bas-Empire ...	14	245	387,241	3,375,891
	Histoire moderne des différents peuples.............	9	140	139,892	
	Histoire de France.............................	7	82	82,325	
	Biographie....................................	12	458	1,303,083	
	Politique et polémique..........................	»	»	»	
		80	1,711	3,375,891	
Objets divers, almanachs, etc..............................		265	617	1,885,869	1,885,869
		1,015	10,528	....	18,451,7

Année 1812.

FACULTÉS.	SUBDIVISIONS.	NOMBRE des ouvrages.	NOMBRE DES FEUILLES		TOTAUX GÉNÉRAUX des feuilles tirées.
			que les ouvrages contiennent.	tirées.	
THÉOLOGIE....	Textes sacrés, traductions et commentaires............	83	1,049	1,884,997	13,815,861
	Liturgie et livres de prières.......................	3o3	3,83o	6,885,957	
	Catéchistes, mystiques, ascétiques, etc..............	222	2,806	5,044,907	
		6o8	7,685	13,815,861	
LÉGISLATION...	Française...........................	179	2,133	4,643,754	7,833,2o5
	Ancienne et étrangère...................	16	190	413,649	
	Jurisprudence.........................	107	1,275	2,775,8o2	
		3o2	3,598	7,833,2o5	
SCIENCES......	Sciences en général et mémoires des sociétés savantes.....	45	533	616,o52	8,175,114
	Mathématiques............................	1o8	1,279	1,478,293	
	Physiques............................	444	5,261	6,080,769	
		597	7,o73	8,175,114	
PHILOSOPHIE...	Morale et métaphysique.....................	37	290	213,376	1,263,729
	Éducation	124	972	1,05o,353	
		161	1,262	1,263,729	
Économie politique, administration, finances, commerce, etc............		121	562	1,340,993	1,340,993
Art, administration et législation militaire		6o	278	662,83o	662,83o
Beaux-Arts.................................		115	533	1,218,496	1,218,496
BELLES-LETTRES.	Introduction aux belles-lettres, grammaires, dictionnaires.	294	3,395	3,159,268	15,755,904
	Rhétorique et éloquence........................	42	485	639,768	
	Poëmes en prose, romans et contes...................	171	1,975	2,6o5,242	
	Philologues, critiques, mélanges, polygraphes, bibliographie.	331	3,823	5,042,957	
	Poétique et poésie.........................	319	1,72o	2,463,677	
	Poésie dramatique.........................	264	1,28o	1,844,992	
		1,421	12,678	15,755,904	
HISTOIRE......	Géographie...........................	37	595	1,188,887	12,934,881
	Voyages..............................	58	933	1,864,255	
	Chronologie...........................	9	145	289,728	
	Antiquités, mœurs, coutumes, etc...................	13	209	417,609	
	Histoire universelle........................	22	354	7o7,338	
	Histoire sacrée et ecclésiastique	25	4o2	8o3,248	
	Histoire ancienne, grecque, romaine et du Bas-Empire ...	35	563	1,124,947	
	Histoire moderne des différents peuples..............	35	563	1,124,947	
	Histoire de France.......................	61	982	1,962,163	
	Biographie............................	1o6	1,706	3,4o8,8o9	
	Politique et polémique......................	4	18	42,95o	
		4o5	6,47o	12,934,881	
Objets divers, almanachs, etc............................		858	3,972	9,079,629	9,079,629
		4,648	44,111	....	72,o8o,642

Année 1813.

FACULTÉS.	SUBDIVISIONS.	NOMBRE des ouvrages.	NOMBRE DES FEUILLES		TOTAUX GÉNÉRAUX des feuilles tirées.
			que les ouvrages contiennent.	tirées.	
THÉOLOGIE	Textes, sacrés traductions et commentaires.	55	684	1,229,763	
	Liturgie et livres de prières.	260	3,286	5,907,899	
	Catéchistes, mystiques, ascétiques, etc.	232	2,932	5,271,442	12,409,104
		547	6,902	12,409,104	
LÉGISLATION . . .	Française.	115	1,370	2,982,627	
	Ancienne et étrangère.	13	139	115,302	
	Jurisprudence.	43	512	1,114,675	4,212,604
		171	2,021	4,212,604	
SCIENCES	Sciences en général et mémoires des sociétés savantes.	27	320	369,862	
	Mathématiques.	77	912	1,054,107	
	Physiques	242	2,867	3,313,736	4,737,705
		346	4,099	4,737,705	
PHILOSOPHIE . . .	Morale et métaphysique	31	243	262,587	
	Éducation	181	1,419	1,553,385	1,815,972
		212	1,662	1,815,972	
	Économie politique, administration, finances, commerce, etc.	67	310	739,694	739,694
	Art, administration et législation militaire	75	147	350,758	350,758
	Beaux-Arts.	99	458	1,090,548	1,090,548
BELLES-LETTRES.	Introduction aux belles-lettres, grammaires, dictionnaires.	173	1,998	2,635,581	
	Rhétorique et éloquence	59	681	898,314	
	Poëmes en prose, romans et contes.	190	2,194	2,894,127	
	Philologues, critiques, mélanges, polygraphes, bibliographie.	360	4,158	5,484,859	
	Poétique et poésie.	348	1,801	2,571,592	
	Poésie dramatique.	223	1,081	1,558,153	16,042,626
		1,353	11,913	16,042,626	
HISTOIRE	Géographie.	47	756	1,511,586	
	Voyages.	61	982	1,962,163	
	Chronologie.	3	48	96,910	
	Antiquités, mœurs, coutumes.	15	241	481,549	
	Histoire universelle	18	289	587,459	
	Histoire sacrée et ecclésiastique	32	515	1,029,037	
	Histoire ancienne, grecque, romaine et du Bas-Empire . . .	48	772	1,542,556	
	Histoire moderne des différents peuples.	33	531	1,061,007	
	Histoire de France.	60	966	1,930,193	
	Biographie.	88	1,416	2,829,353	
	Politique et polémique	3	14	33,405	13,065,218
		408	6,530	13,065,218	
	Objets divers, almanachs, etc.	739	3,421	8,162,882	8,162,882
		4,017	37,463	. . . .	62,627,11[cut off]

Année 1814.

FACULTÉS.	SUBDIVISIONS.	NOMBRE des ouvrages.	NOMBRE DES FEUILLES		TOTAUX GÉNÉRAUX des feuilles tirées.
			que les ouvrages contiennent.	tirées.	
THÉOLOGIE	Textes sacrés, traduction et commentaires..............	13	164	294,855	
	Liturgie et livres de prières........................	97	1,226	2,204,225	
	Catéchistes, mystiques, ascétiques, etc...............	109	1,377	2,475,708	4,974,788
		219	2,767	4,974,788	
LÉGISLATION...	Française	2	23	50,073	
	Ancienne et étrangère........................	28	333	724,974	
	Jurisprudence........................	23	274	596,521	1,371,568
		53	630	1,371,568	
SCIENCES......	Sciences en général et mémoires des sociétés savantes.....	17	201	232,319	
	Mathématiques........................	47	557	643,791	
	Physiques	122	1,445	1,670,160	2,546,270
		186	2,203	2,546,270	
PHILOSOPHIE...	Morale et métaphysique........................	22	172	185,865	
	Éducation........................	67	525	567,320	753,185
		89	697	753,185	
Économie politique, administration, finances, commerce, etc..........		148	685	1,634,485	1,634,485
Art, administration et législation militaire		40	185	441,510	441,510
Beaux-Arts........................		70	324	773,099	773,099
BELLES-LETTRES.	Introduction aux belles lettres, grammaires, dictionnaires.	56	646	812,571	
	Rhétorique et éloquence	36	415	547,430	
	Poëmes en prose, romans et contes..................	92	1,062	1,400,894	
	Philologues, critiques, mélanges, polygraphes, bibliographie.	321	3,707	4,889,940	13,352,920
	Poétique et poésie........................	258	2,979	3,889,628	
	Poésie dramatique........................	119	1,374	1,812,457	
		882	10,183	13,352,920	
HISTOIRE......	Géographie........................	13	209	417,609	
	Voyages	28	450	899,158	
	Chronologie........................	»	»	»	
	Histoire universelle........................	5	80	159,848	
	Antiquités, mœurs, coutumes, etc..................	9	144	227,786	
	Histoire sacrée et ecclésiastiques..................	13	209	417,609	16,226,566
	Histoire ancienne, grecque, romaine et du Bas-Empire...	9	145	289,728	
	Histoire moderne des différents peuples..............	26	418	835,218	
	Histoire de France........................	203	3,268	6,529,888	
	Biographie	115	1,851	3,698,538	
	Politique et polémique........................	249	1,153	2,751,184	
		670	7,927	16,226,566	
Objets divers, almanachs, etc........................		326	1,509	3,600,648	3,600,640
		2,683	27,110	....	45,675,031

Année 1815.

FACULTÉS.	SUBDIVISIONS.	NOMBRE des ouvrages.	NOMBRE DES FEUILLES		TOTAUX GÉNÉRAUX des feuilles tirées.
			que les ouvrages contiennent.	tirées.	
THÉOLOGIE	Textes sacrés, traductions et commentaires............	15	189	339,803	
	Liturgie et livres de prières.......................	107	1,352	2,430,760	
	Catéchistes, mystiques, ascétiques, etc...............	181	2,287	4,111,797	6,882,360
		303	3,828	6,882,360	
LÉGISLATION...	Française...................................	42	500	1,088,550	
	Ancienne et étrangère.........................	2	23	50,073	
	Jurisprudence................................	37	441	960,101	2,098,724
		81	964	2,098,724	
SCIENCES......	Sciences en général et mémoires des sociétés savantes.....	19	216	249,657	
	Mathématiques...............................	49	580	670,375	
	Physiques...................................	194	2,299	2,657,230	3,577,262
		262	3,095	3,577,262	
PHILOSOPHIE...	Morale et métaphysique	22	172	186,465	
	Education	103	807	872,052	1,058,517
		125	979	1,058,517	
Économie politique, administration, finances, commerce, etc...........		134	620	1,479,388	1,479,388
Art, administration et législation militaire......................		71	328	782,644	782,644
Beaux-Arts..		62	287	688,813	688,813
BELLES-LETTRES.	Introduction aux belles-lettres, grammaires, dictionnaires.	68	785	1,035,501	
	Rhétorique et éloquence.....	34	392	517,091	
	Poëmes en prose, romans et contes..................	·96	1,108	1,461,573	
	Philologues, critiques, mélanges, polygraphes, bibliographie..	334	3,857	5,087,807	11,528,363
	Poétique et poésie............................	343	1,710	2,454,888	
	Poésie dramatique............................	139	674	971,503	
		1,014	8,526	11,528,363	
HISTOIRE......	Géographie.................................	18	289	577,459	
	Voyages....................................	20	322	643,397	
	Chronologie.................................	»	»	»	
	Antiquités, mœurs, coutumes......................	4	64	127,880	
	Histoire universelle...........................	6	96	191,820	
	Histoire sacrée et ecclésiastique...................	7	112	223,790	
	Histoire ancienne, grecque, romaine et du Bas-Empire....	13	209	417,609	25,410,562
	Histoire moderne des différents peuples...............	36	578	1,154,919	
	Histoire de France............................	212	3,413	6,819,617	
	Biographie..................................	227	3,654	7,301,167	
	Politique et polémique..........................	720	3,333	7,952,904	
		1,263	12,070	25,410,562	
Objets divers, almanachs, etc...............................		185	856	2,042,510	2,042,510
		3,500	31,553	....	55,549,143

Année 1816.

FACULTÉS.	SUBDIVISIONS.	NOMBRE des ouvrages.	NOMBRE DES FEUILLES		TOTAUX GÉNÉRAUX des feuilles tirées.
			que les ouvrages contiennent.	tirées.	
THÉOLOGIE....	Textes sacrés, traductions et commentaires............	23	164	294,855	
	Liturgie et livres de prières........................	169	2,136	3,840,314	13,166,020
	Catéchistes, mystiques, ascétiques, etc...	255	5,023	9,030,851	
		447	7,323	13,166,020	
LÉGISLATION...	Française........................	3	36	78,375	
	Ancienne et étrangère..................	72	858	2,170,951	4,557,052
	Jurisprudence........................	89	1,060	2,307,726	
		164	1,954	4,557,052	
SCIENCES......	Sciences en général, et mémoires des sociétés savantes....	15	177	204,580	
	Mathématiques............................	41	485	560,572	4,408,296
	Physiques..............................	266	3,152	3,643,144	
		322	3,814	4,408,296	
PHILOSOPHIE...	Morale et métaphysique......................	27	211	228,008	
	Éducation.............................	193	1,513	1,644,963	1,872,971
		220	1,724	1,872,971	
Économie politique, administration, finances, commerce, etc............		355	1,643	3,920,378	3,920,378
Art, administration et législation militaire.........................		69	319	761,169	761,169
Beaux-Arts..		83	384	916,266	916,266
BELLES-LETTRES.	Introduction aux belles-lettres, grammaires, dictionnaires..	91	1,051	1,386,384	
	Rhétorique et éloquence....................	43	496	654,278	
	Poëmes en prose, romans et contes..............	158	1,825	2,407,375	
	Philologues, critiques, mélanges, polygraphes, bibliographie.	386	4,458	5,880,592	14,154,269
	Poétique et poésie........................	373	1,818	2,616,306	
	Poésie dramatique.........................	173	839	1,209,334	
		1,224	10,487	14,154,269	
HISTOIRE......	Géographie............................	31	499	997,065	
	Voyages..............................	50	805	1,608,414	
	Chronologie...........................	3	48	95,910	
	Antiquités, mœurs, coutumes, etc.	14	225	449,579	
	Histoire universelle.......................	6	96	191,820	
	Histoire sacrée et ecclésiastique..................	21	338	675,368	20,466,969
	Histoire ancienne, grecque, romaine et du Bas-Empire...	26	410	819,233	
	Histoire moderne des différents peuples.............	40	644	1,286,795	
	Histoire de France........................	304	4,894	9,678,941	
	Biographie............................	98	1,577	3,151,051	
	Politique et polémique......................	137	634	1,512,793	
		730	10,170	20,466,969	
Objets divers, almanachs, etc...........................		238	1,102	2,629,493	2,629,493
		3,852	38,920	....	66,852,883

Année 1817.

FACULTÉS.	SUBDIVISIONS.	NOMBRE des ouvrages.	NOMBRE DES FEUILLES		TOTAUX GÉNÉRAUX des feuilles tirées.
			que les ouvrages contiennent.	tirées.	
THÉOLOGIE	Textes sacrés, traductions, commentaires..............	51	644	1,157,847	
	Liturgie et livres de prières........................	158	1,997	3,590,406	
	Catéchistes, mystiques, ascétiques, etc..............	307	3,880	6,975,852	11,724,105
		516	6,521	11,724,105	
LÉGISLATION ...	Française........	86	1,016	2,211,933	
	Ancienne et étrangère.............................	7	83	180,699	
	Jurisprudence.....................................	134	1,597	3,476,828	5,869,460
		227	2,696	5,869,460	
SCIENCES......	Sciences en général et mémoires des sociétés savantes.....	36	426	492,379	
	Mathématiques....................................	55	651	752,439	
	Physiques	332	3,934	4,546,995	5,791,813
		423	5,011	5,791,813	
PHILOSOPHIE...	Morale et métaphysique............................	35	274	296,087	
	Éducation..	169	1,325	1,431,808	1,727,895
		204	1,599	1,727,895	
Économie politique, administration finances, commerce, etc.............		286	1,324	3,159,209	3,159,209
Art, administration et législation militaire.........................		66	305	727,763	727,763
Beaux-Arts..		135	625	1,491,318	1,491,318
BELLES-LETTRES.	Introduction aux belles-lettres, grammaires, dictionnaires.	109	1,259	1,660,759	
	Rhétorique et éloquence............................	29	335	441,901	
	Poèmes en prose, romans, contes....................	137	1,582	2,086,832	
	Philologues, critiques, mélanges, polygraphes, bibliographie..	610	7,045	9,293,130	
	Poétique et poésie.................................	283	1,446	2,068,733	17,040,321
	Poésie dramatique.................................	213	1,033	1,488,966	
		1,381	12,700	17,040,321	
HISTOIRE......	Géographie..	38	611	1,220,857	
	Voyages...	46	740	1,478,616	
	Chronologie.......................................	3	48	95,910	
	Antiquités, mœurs, coutumes.......................	19	305	609,429	
	Histoire universelle................................	12	193	385,639	
	Histoire sacrée et ecclésiastique....................	22	354	707,338	
	Histoire ancienne, grecque, romaine et du Bas-Empire....	17	273	545,489	20,716,212
	Histoire moderne des différents peuples...............	34	547	1,092,977	
	Histoire de France.................................	200	3,220	6,433,978	
	Biographie..	154	2,479	4,953,364	
	Politique et polémique.............................	289	1,338	3,192,615	
		834	10,108	20,716,212	
Objets divers, almanachs, etc........................		269	1,245	2,970,707	2.970,707
		4,341	42,134	....	71,218,803

Année 1818.

FACULTÉS.	SUBDIVISIONS.	NOMBRE des ouvrages.	NONBRE DES FEUILLES		TOTAUX GÉNÉRAUX des feuilles tirées.
			que les ouvrages contiennent.	tirées.	
THÉOLOGIE.....	Textes sacrés, traductions et commentaires.............	33	417	749,390	
	Liturgies et livres de prières......................	59	745	1,338,839	
	Catéchistes, mystiques, ascétiques...................	266	3,362	6,041,850	8,130,079
		358	4,524	8,130,079	
LÉGISLATION...	Française...............................	82	977	2,127,026	
	Ancienne et étrangère......................	8	95	206,824	
	Jurisprudence	192	2,288	4,981,204	7,315,054
		282	3,360	7,315,054	
SCIENCES......	Sciences en général et mémoires des Sociétés savantes....	29	343	396,446	
	Mathématiques................................	67	794	917,721	
	Physiques....................................	305	3,614	4,177,133	5,491,300
		401	4,751	5,491,300	
PHILOSOPHIE...	Morale et métaphysique........................	66	517	558,675	
	Éducation..................................	157	1,230	1,329,150	1,887,825
		223	1,747	1,887,825	
Économie politique, administration, finances, commerce, etc.............		350	1,620	3,865,498	3,865,498
Art, administration et législation militaire........................		169	782	1,865,938	1,865,938
Beaux-Arts........................		106	490	1,169,193	1,169,193
BELLES-LETTRES.	Introduction aux belles-lettres, grammaires, dictionnaires.	105	1,212	1,598,761	
	Rhétorique et éloquence........................	35	364	480,156	
	Poëmes en prose, romans et contes	170	1,963	2,589,413	
	Philologues, critiques, mélanges, polygraphes, bibliographie..	861	9,944	13,117,229	
	Poétique et poésie............................	354	1,763	2,531,404	21,980,338
	Poésie dramatique...........................	238	1,154	1,663,375	
		1,763	16,400	21,980,338	
HISTOIRE......	Géographie................................	25	402	803,248	
	Voyages...................................	57	917	1,832,285	
	Chronologie................................	18	290	579,457	
	Antiquités, mœurs, coutumes......................	20	322	643,397	
	Histoire universelle	11	177	353,669	
	Histoire sacrée et ecclésiastique	91	1,465	2,927,260	
	Histoire ancienne, grecque, romaine et du Bas-Empire...	8	128	255,760	24,773,325
	Histoire moderne des différents peuples..............	64	1,030	2,058,073	
	Histoire de France............................	235	3,783	7,558,925	
	Biographie.................................	130	2,093	4,182,086	
	Politique et polémique........................	324	1,500	3,579,165	
		983	12,107	24,773,325	
Objets divers, almanachs, etc........................		276	1,277	3,047,062	3,047,062
		4,911	47,058		79,525,612

Année 1819.

FACULTÉS.	SUBDIVISIONS.	NOMBRE des ouvrages.	NOMBRE DES FEUILLES que les ouvrages contiennent.	NOMBRE DES FEUILLES tirées.	TOTAUX généraux des feuilles tirées.
THÉOLOGIE	Textes sacrés, traductions et commentaires............	42	530	952,887	
	Liturgies et livres de prières........................	73	922	1,657,663	7,677,032
	Cathéchistes, mystiques, ascétiques.................	223	2,818	5,066,482	
		338	4,270	7,677,032	
LÉGISLATION ...	Française..	131	1,561	3,398,453	
	Ancienne et étrangère.............................	27	321	698,849	6,977,605
	Jurisprudence...................................	111	1,323	2,880,303	
		269	3,205	6,977,605	
SCIENCES	Sciences en général et mémoires des Sociétés savantes....	27	320	369,862	
	Mathématiques..................................	65	770	889,981	5,970,965
	Physiques.......................................	344	4,076	4,711,122	
		436	5,166	5,970,965	
PHILOSOPHIE ...	Morale et métaphysique...........................	51	399	431,163	
	Éducation	134	1,050	1,134,640	1,565,803
		185	1,449	1,565,803	
Économie politique, administration, finances, commerce, etc............		314	1,453	3,467,017	3,467,017
Art, administration et législation militaire		117	541	1,290,885	1,290,885
Beaux-Arts..........		176	815	1,944,679	1,944,679
BELLES-LETTRES.	Introduction aux belles-lettres, grammaires, dictionnaires..	99	1,143	1,507,742	
	Rhétorique et éloquence...........................	40	462	609,428	
	Poèmes en prose, romans, contes....................	203	2,344	3,091,993	
	Philologues, critiques, mélanges, polygraphes, bibliographie..	653	7,542	9,948,727	19,040,860
	Poétique et poésie................................	342	1,712	2,457,426	
	Poésie dramatique................................	204	989	1,425,544	
		1,541	14,192	19,040,860	
HISTOIRE	Géographie......................................	31	499	997,066	
	Voyages...	47	756	1,510,586	
	Chronologie.....................................	10	161	321,699	
	Antiquités, mœurs, coutumes.......................	22	354	707,338	
	Histoire universelle...............................	11	177	353,669	
	Histoire sacrée et ecclésiastique.....................	66	1,062	2,122,014	
	Hissoire ancienne, grecque, romaine et du Bas-Empire....	26	418	835,218	22,927,671
	Histoire moderne des différens peuples................	54	869	1,836,375	
	Histoire de France...............................	183	2,946	5,886,491	
	Biographie......................................	129	2,076	4,148,117	
	Politique et polémique............................	381	1,764	4,209,098	
		960	11,082	22,927,671	
Objets divers, almanachs, etc.........		232	1,074	2,562,682	2,562,682
		4,568	43,247	....	73,425,099

Année 1820.

FACULTÉS.	SUBDIVISIONS.	NOMBRE des ouvrages.	NOMBRE DES FEUILLES que les ouvrages contiennent.	NOMBRE DES FEUILLES tirées.	TOTAUX GÉNÉRAUX des feuilles tirées.
THÉOLOGIE....	Textes sacrés, traductions, commentaires..............	50	632	1,136,272	
	Liturgie et livres de prières........................	49	610	1,096,719	
	Catéchistes, mystiques, ascétiques,etc................	248	3,134	5,634,618	7,867,609
		347.	4,376	7,867,609	
LÉGISLATION...	Française...............................	84	1,001	2,179,277	
	Ancienne et étrangère....................	37	451	981,872	
	Jurisprudence............................	122	1,454	3,165,503	6,326,652
		243	2,906	6,326,652	
SCIENCES......	Sciences en général et mémoires des Sociétés savantes.....	27	320	369,862	
	Mathématiques.................................	61	722	834,502	
	Physiques......................................	298	3,531	4,081,200	5,285,564
		386	4,573	5,285,564	
PHILOSOPHIE...	Morale et métaphysique........................	68	533	575,965	
	Éducation.....................................	140	1,097	1,185,429	1,761,394
		208	1,630	1,761,394	
Économie politique, administration, finances, commerce, etc.............		158	731	1,744,246	1,744,246
Art, administration et législation militaire		93	430	1,026,027	1,026,027
Beaux-arts......................................		109	504	1,202,599	1,202,599
BELLES-LETTRES.	Introduction aux belles-lettres, grammaires, dictionnaires.	89	1,028	1,356,085	
	Rhétorique et éloquence...........................	52	600	791,466	
	Poëmes en prose, romans et contes...................	212	2,448	3,226,981	
	Philologues, critiques, mélanges, polygraphes, bibliographie..	673	7,763	10,240,251	
	Poétique et poésie...............................	447	2,174	3,131,258	20,436,803
	Poésie dramatique...............................	242	1,173	1,690,762	
		1,715	15,186	20,436,803	
HISTOIRE......	Géographie..................................	39	627	1,252,827	
	Voyages....................................	66	1,062	2,122,014	
	Chronologie.................................	12	193	385,639	
	Antiquités, mœurs, coutumes.....................	27	434	867,188	
	Histoire universelle...........................	7	112	223,790	
	Histoire sacrée et ecclésiastique.................	58	933	1,864,255	
	Histoire ancienne, grecque, romaine et du Bas-Empire.....	16	257	513,519	33,149,157
	Histoire moderne des différens peuples................	101	1,626	3,248,959	
	Histoire de France............................	363	5,844	11,677,071	
	Biographie...................................	133	2,141	4,277,996	
	Politique et polémique..........................	608	2,815	6,715,899	
		1,430	16,044	33,149,157	
Objets divers, almanachs, etc.........................		192	889	2,121,251	2,121,251
		4,881	47,269	....	80,921,302

Année 1821.

FACULTÉS	SUBDIVISIONS.	NOMBRE des ouvrages.	NOMBRE DES FEUILLES que les ouvrages contiennent.	tirées.	TOTAUX GÉNÉRAUX des feuilles tirées
THÉOLOGIE	Textes sacrés, traductions et commentaires..............	61	771	1,386,180	
	Liturgie et livres de prières.....................	77	973	1,749,356	
	Catéchistes, mystiques, ascétiques, etc.................	352	4,449	7,998,857	11,134,393
		490	6,193	11,134,393	
LÉGISLATION ...	Française.........................	91	1,084	2,359,976	
	Ancienne et étrangère.,.................	36	429	933,976	
	Jurisprudence.....................	150	1,788	3,892,654	7,186,606
		277	3,301	7,186,606	
SCIENCES	Sciences en général, et mémoires des sociétés savantes ...	54	640	739,724	
	Mathématiques.....................	69	817	944,205	
	Physiques..,.....................	389	4,609	5,327,174	7,011,103
		512	6,066	7,011,103	
PHILOSOPHIE ...	Morale et métaphysique..................,....	59	462	499,241	
	Éducation	146	1,144	1,236,217	1,735,458
		205	1,606	1,735,458	
Économie politique, administration, finances, commerce, etc		212	981	2,340,774	2,340,774
Art, administration et législation militaire.......................		70	324	773,099	773,099
Beaux-Arts.........................,		122	564	1,345,766	1,345,766
BELLES-LETTRES.	Introduction aux belles-lettres, grammaires, dictionnaires..	112	1,293	1,705,609	
	Rhétorique et éloquence.....................	62	716	944,482	
	Poëmes en prose, romans et contes.................	274	3,164	4,173,664	
	Philologues, critiques, mélanges, polygraphes, bibliographie..	816	9,424	12,431,292	24,689,405
	Poétique et poésie.....................	468	2,323	3,337,121	
	Poésie dramatique.., ...	300	1,455	2,097,237	
		2,032	18,375	24,689,405	
HISTOIRE......	Géographie.....................,.....	32	515	1,029,037	
	Voyages.....................	108	1,938	3,872,376	
	Chronologie.....................	7	112	223,790	
	Antiquités, mœurs, coutumes, etc.................	22	354	707,338	
	Histoire universelle.....................	16	257	513,519	
	Histoire sacrée et ecclésiastique...............	52	837	1,672,434	
	Histoire ancienne, grecque, romaine et du Bas-Empire...	21	338	675,368	28,357,655
	Histoire moderne des différens peuples.............	73	1,175	2,347,802	
	Histoire de France.....................	344	5,538	10,065,644	
	Biographie	185	1,368	2,733,441	
	Politique et polémique.................	409	1,893	4,516,906	
		1,269	14,325	28,357,655	
Objets divers, almanachs, etc.....................		310	1,435	3,424,067	3,424,067
		5,499	53,170		87,998,326

Année 1822.

FACULTÉS.	SUBDIVISIONS.	NOMBRE des ouvrages.	NOMBRE DES FEUILLES		TOTAUX GÉNÉRAUX des feuilles tirées.
			que les ouvrages contiennent.	tirées.	
THÉOLOGIE....	Textes sacrés, traductions et commentaires.............	52	656	1,179,332	
	Liturgie et livres de prières......................	111	1,403	2,522,453	
	Catéchistes, mystiques, ascétiques..................	397	5,018	9,021,852	12,723,637
		560	7,077	12,723,637	
LÉGISLATION...	Française.........................	103	1,227	2,671,301	
	Ancienne et étrangère..................	27	322	701,026	
	Jurisprudence....................	179	2,133	4,643,754	8,016,081
		309	3,682	8,016,081	
SCIENCES.......	Sciences en général et mémoires des sociétés savantes...	57	675	780,178	
	Mathématiques................................	63	746	862,241	
	Physiques..................................	448	5,308	6,135,092	7,777,511
		568	6,729	7,777,511	
PHILOSOPHIE...	Morale et métaphysique.........................	94	737	796,409	
	Éducation.................................	152	1,191	1,287,596	2,084,005
		246	1,928	2,084,005	
Économie politique, administration, finances, commerce, etc...........		280	1,296	3,092,398	3,092,398
Art, administration et législation militaire........................		86	398	941,671	941,671
Beaux-Arts...		142	657	1,567,674	1,567,674
BELLES-LETTRES.	Introduction aux belles-lettres, grammaires, dictionnaires.	132	1,524	2,010,323	
	Rhétorique et éloquence.....................	47	542	714,957	
	Poëmes en prose, romans et contes.................	346	3,996	5,271,163	
	Philologues, critiques, mélanges, polygraphes, bibliographie..	682	7,877	10,390,629	25,108,669
	Poétique et poésie..........................	534	2,656	3,814,294	
	Poésie dramatique............................	416	2,017	2,907,303	
		2,157	18,612	25,108,669	
HISTOIRE......	Géographie.....................	37	595	1,188,887	
	Voyages...........................	115	1,851	3,698,538	
	Chronologie.....................	12	193	385,639	
	Antiquités, mœurs, coutumes.....	41	660	1,318,765	
	Histoire universelle...............	26	418	835,218	
	Histoire sacrée et ecclésiastique..........	36	579	1,156,917	31,641,829
	Histoire ancienne, grecque, romaine et du Bas-Empire..	28	450	899,157	
	Histoire moderne des différents peuples.............	107	1,722	3,440,180	
	Histoire de France...........................	265	4,266	8,524,022	
	Biographie...........................	195	3,140	6,274,128	
	Politique et polémique............................	355	1,643	3,920,378	
		1,217	15,517	31,641,829	
Objets divers, almanachs, etc........................		299	1,384	3,302,376	3,302,376
		5,864	57,280	....	96,255,851

Année 1823.

FACULTÉS.	SUBDIVISIONS.	NOMBRE des ouvrages.	NOMBRE DES FEUILLES		TOTAUX GÉNÉRAUX des feuilles tirées.
			que les ouvrages contiennent.	tirées.	
THÉOLOGIE	Textes sacrés, traductions et commentaires............	48	606	1,089,527	
	Liturgie et livres de prières......................	105	1,327	2,385,813	
	Catéchistes, mystiques, ascétiques.................	456	5,763	10,361,297	13,836,63
		609	7,696	13,836,637	
LÉGISLATION ...	Française...........................	109	1,299	2,828,053	
	Ancienne et étrangère.....................	27	321	698,849	
	Jurisprudence.....................	134	1,597	3,476,828	7,003,73
		270	3,217	7,003,730	
SCIENCES......	Sciences en général et mémoires des sociétés savantes...	56	663	766,308	
	Mathématiques	73	865	999,784	
	Physiques............................	500	5,925	6,848,233	8,614,32
		629	7,453	8,614,325	
PHILOSOPHIE...	Morale et métaphysique.........................	101	791	854,762	
	Éducation.............................	138	1,082	1,169,220	2,023,98
		239	1,873	2,023,982	
Economie politique, administration, finances, commerce, etc............		158	727	1,734,702	1,734,70
Art, administration et législation militaire.........................		81	375	894,791	894,79
Beaux-Arts..		179	828	1,975,699	1,975,69
BELLES-LETTRES...	Introduction aux belles-lettres, grammaires, dictionnaires.	124	1,432	1,888,965	
	Rhétorique et éloquence.....................	85	981	1,294,047	
	Poëmes en prose, romans et contes.................	274	3,164	4,173,664	
	Philologues, critiques, mélanges, polygraphes, bibliographie..	720	8,316	10,969,718	
	Poétiques et poésie.........................	606	3,005	4,317,383	25,474,68
	Poésie dramatique.........................	405	1,964	2,830,909	
		2,214	18,862	25,474,686	
HISTOIRE.....	Géographie.............................	68	1,094	2,185,954	
	Voyages.............................	145	2,334	4,663,635	
	Chronologie.............................	5	80	159,850	
	Antiquités, mœurs, coutumes.....................	33	531	1,060,907	
	Histoire universelle.........................	15	241	481,549	
	Histoire sacrée et ecclésiastique.................	42	676	1,350,735	
	Histoire ancienne, grecque, romaine et du Bas-Empire....	29	466	931,128	33,879,60
	Histoire moderne des différents peuples.............	151	2,431	4,857,454	
	Histoire de France.........................	338	5,441	10,871,825	
	Biographie.............................	155	2,495	4,985,334	
	Politique et polémique.........................	211	977	2,331,229	
		1,192	16,766	33,879,600	
Objets divers, almanachs, etc.............................		322	1,490	3,555,303	3,555,30
		5,893	59,287	....	98,993,45

Année **1824.**

FACULTÉS	SUBDIVISIONS.	NOMBRE des ouvrages.	NOMBRE DES FEUILLES que les ouvrages contiennent.	tirées.	TOTAUX GÉNÉRAUX des feuilles tirées.
THÉOLOGIE	Textes sacrés, traductions et commentaires	51	644	1,158,067	
	Liturgie et livres de prières	137	1,732	3,113,962	15,248,208
	Catéchistes, mystiques, ascétiques, etc	483	6,105	10,976,179	
		671	8,481	15,248,208	
LÉGISLATION . . .	Française	176	2,098	4,567,555	
	Ancienne et étrangère	18	214	465,899	9,263,559
	Jurisprudence	163	1,943	4,230,105	
		357	4,255	9,263,559	
SCIENCES	Sciences en général et mémoires des sociétés savantes	70	829	958,174	
	Mathématiques	75	888	1,026,368	10,024,426
	Physiques	587	6,956	8,039,884	
		732	8,673	10,024,426	
PHILOSOPHIE . . .	Morale et métaphysique	117	917	990,919	
	Éducation	211	1,654	1,787,329	2,778,248
		328	2,571	2,778,248	
Économie politique, administration, finances, commerce, etc.		268	1,240	2,758,776	2,758,776
Art, administration et législation militaires		111	514	1,226,460	1,226,460
Beaux-Arts		186	861	2,054,340	2,054,340
BELLES-LETTRES.	Introduction aux belles-lettres, grammaires, dictionnaires.	167	1,928	2,543,244	
	Rhétorique et éloquence	65	750	989,332	
	Poèmes en prose, romans et contes	367	4,238	5,590,388	
	Philologues, critiques, mélanges, polygraphes, bibliographie. .	959	11,076	14,610,462	31,286,615
	Poétique et poésie	719	3,547	5,099,927	
	Poésie dramatique	351	1,702	2,453,262	
		2,628	23,241	31,286,615	
HISTOIRE	Géographie	44	708	1,414,676	
	Voyages	109	1,754	3,504,720	
	Chronologie	7	112	223,790	
	Antiquités, mœurs, coutumes	54	869	1,736,375	
	Histoire universelle	12	193	385,639	
	Histoire sacrée et ecclésiastique	82	1,320	2,637,531	
	Histoire ancienne, grecque, romaine, et du Bas-Empire . .	29	466	931,128	36,124,803
	Histoire moderne des différents peuples	103	1,658	3,312,899	
	Histoire de France	359	5,779	11,547,193	
	Biographie	213	3,429	6,851,687	
	Politique et polémique	324	1,500	3,579,165	
		1,336	17,788	36,124,803	
Objets divers, almanachs, etc		357	1,653	3,944,240	3,944,240
		6,974	69,277	. . . .	114,709,675

Année 1825.

FACULTÉS.	SUBDIVISIONS.	NOMBRE des ouvrages.	NOMBRE DES FEUILLES		TOTAUX GÉNÉRAUX des feuilles tirées.
			que les ouvrages contiennent.	tirées.	
THÉOLOGIE	Textes sacrés, traductions et commentaires	68	859	1,544,396	
	Liturgie et livres de prières....................	119	1,504	2,704,041	
	Catéchistes, mystiques, ascétiques, etc...............	587	7,419	13,238,620	17,487,057
		774	9,782	17,487,057	
LÉGISLATION ...	Française....................	302	3,599	7,835,382	
	Ancienne et étrangère....................	41	488	1,062,424	
	Jurisprudence....................	271	3,230	7,032,033	15,929,839
		614	7,317	15,929,839	
SCIENCES......	Sciences en général, et mémoires des sociétés savantes....	73	865	999,784	
	Mathématiques....................	97	1,149	1,328,037	
	Physiques	628	7,441	8,600,456	10,928,277
		798	9,455	10,928,277	
PHILOSOPHIE...	Morale et métaphysique....................	93	729	787,764	
	Éducation....................	238	1,866	2,016,418	2,804,182
		331	2,595	2,804,182	
Économie politique, administration, finances, commerce, etc.		264	1,222	2,915,826	2,915,826
Art, administration et législation militaire		132	611	1,457,913	1,457,913
Beaux-Arts....................		266	1,231	2,937,301	2,937,301
BELLES-LETTRES.	Introduction aux belles-lettres, grammaires, dictionnaires.	165	1,905	2,512,904	
	Rhétorique et éloquence....................	52	600	791,466	
	Poëmes en prose, romans et contes	381	4,400	5,804,084	
	Philologues, critiques, mélanges, polygraphes, bibliographie..	777	8,974	11,807,693	
	Poétique et poésie....................	867	4,304	6,178,470	30,205,158
	Poésie dramatique....................	445	2,158	3,110,541	
		2,687	22,341	30,205,158	
HISTOIRE......	Géographie....................	55	885	1,768,345	
	Voyages....................	119	1,915	3,826,419	
	Chronologie....................	7	112	223,790	
	Antiquités, mœurs, coutumes....................	39	627	1,252,827	
	Histoire universelle....................	18	289	577,459	
	Histoire sacrée et ecclésiastique....................	91	1,465	2,927,260	
	Histoire ancienne, grecque, romaine, et du Bas-Empire...	45	724	1,446,546	39,457,957
	Histoire moderne des différents peuples....................	139	2,237	4,469,816	
	Histoire de France....................	387	6,229	12,446,351	
	Biographie....................	281	4,524	8,939,540	
	Politique et polémique....................	143	662	1,579,604	
		1,324	19,669	39,457,957	
Objets divers, almanachs, etc....................		352	1,629	3,886,973	3,886,973
		7,542	75,852	....	128,010,48

RECAPITULATION du nombre de feuilles imprimées depuis le Ier novembre 1811, jusqu'au 31 décembre 1825.

NOMBRE DE FEUILLES TIRÉES.

FACULTÉS.	SUBDIVISIONS.	1811.	1812.	1813.	1814.	1815.	1816.	1817.	1818.	1819.	1820.	1821.	1822.	1823.	1824.	1825.	TOTAL.
THÉOLOGIE	Textes sacrés, traductions et commentaires	255,818	1,884,997	1,229,763	294,855	339,803	294,855	1,157,847	749,390	952,887	1,136,272	1,386,180	1,179,332	1,089,527	1,158,067	1,544,396	
	Liturgie et livres de prières	518,669	6,885,957	5,907,899	2,204,225	2,430,760	3,840,314	3,590,406	1,338,839	1,657,663	1,096,719	1,749,356	2,522,453	2,385,813	3,113,962	2,704,041	
	Catéchismes, mystiques, ascétiques, etc.	1,725,265	5,044,907	5,271,442	2,475,708	4,711,797	9,030,851	6,975,852	6,041,850	5,066,482	5,634,618	7,998,857	9,021,852	10,361,297	10,976,179	13,238,620	
	2,509,752	*13,815,861*	*12,409,104*	*4,974,788*	*6,882,360*	*13,166,020*	*11,724,105*	*8,130,079*	*7,677,032*	*7,867,609*	*11,134,393*	*12,723,637*	*13,836,637*	*15,248,208*	*17,487,057*	*159,586,642*
LÉGISLATION	Française	1,802,600	4,643,754	2,982,627	50,073	1,088,550	78,375	2,211,933	2,127,026	3,398,453	2,179,277	2,350,976	2,671,301	2,828,053	4,567,555	7,835,382	
	Ancienne et étrangère	65,000	413,649	115,302	724,974	50,073	2,170,951	180,699	206,824	698,849	981,872	933,976	701,026	698,849	465,899	1,061,424	
	Jurisprudence	964,362	2,775,802	1,114,675	596,521	960,101	2,307,726	3,476,828	4,981,204	2,880,303	3,165,503	3,892,654	4,643,754	3,476,828	4,230,105	7,032,033	
	2,831,662	*7,833,205*	*4,212,604*	*1,371,568*	*2,098,724*	*4,557,052*	*5,869,460*	*7,315,054*	*6,977,605*	*6,326,652*	*7,186,606*	*8,016,081*	*7,003,730*	*9,263,559*	*15,929,839*	*96,793,401*
SCIENCES	Sciences en général et mémoires des sociétés savantes	29,200	616,052	369,862	232,319	249,657	204,580	492,379	396,446	369,862	369,862	739,724	280,178	766,308	958,174	999,784	
	Mathématiques	516,783	1,478,293	1,054,107	643,791	670,375	560,572	712,439	917,721	889,981	834,502	944,205	862,241	999,784	1,026,368	1,328,037	
	Physiques	1,668,320	6,080,769	3,313,736	1,670,160	2,657,230	3,643,144	4,546,095	4,177,133	4,711,122	4,081,200	5,327,174	6,135,092	6,848,233	8,039,884	8,600,456	
	2,214,303	*8,175,114*	*4,737,705*	*2,546,270*	*3,577,262*	*4,408,296*	*5,791,813*	*5,491,300*	*5,970,965*	*5,285,564*	*7,011,103*	*7,777,511*	*8,614,325*	*10,024,426*	*10,928,277*	*97,554,234*
PHILOSOPHIE	Morale et métaphysique	234,273	213,376	262,587	185,865	186,465	228,008	296,087	558,675	431,163	575,965	499,241	796,400	854,762	990,919	787,764	
	Éducation	176,025	1,050,353	1,553,385	567,842	872,052	1,644,963	1,431,808	1,329,150	1,134,640	1,185,429	1,236,217	1,287,596	1,169,220	1,787,329	2,016,418	
	410,298	*1,263,729*	*1,815,972*	*753,185*	*1,058,517*	*1,872,971*	*1,727,895*	*1,887,825*	*1,565,803*	*1,761,394*	*1,735,458*	*2,084,005*	*2,023,982*	*2,778,248*	*2,804,182*	*25,543,464*
	Économie politique, administration, finances, commerce, etc.	133,187	1,340,993	739,694	1,634,485	1,479,388	3,920,378	3,159,209	3,865,498	3,467,017	1,744,246	2,340,774	3,092,398	1,734,702	2,758,776	2,915,826	34,326,571
	..., administration et législation militaire	1,147,400	662,830	350,758	441,510	782,644	761,169	727,763	1,865,938	1,290,885	1,026,027	773,099	941,671	894,791	1,226,460	1,457,913	14,350,858
	Beaux-Arts	161,525	1,218,696	1,090,548	773,099	688,813	916,266	1,491,318	1,169,193	1,944,679	1,202,599	1,345,766	1,567,674	1,975,699	2,054,340	2,937,301	20,537,316
BELLES-LETTRES	Introduction aux belles-lettres, grammaires, dictionnaires	1,233,072	3,159,468	2,635,581	812,571	1,035,501	1,386,384	1,660,759	1,598,761	1,507,742	1,356,085	1,705,609	2,010,323	1,888,965	2,543,244	2,512,904	
	Rhétorique et éloquence	216,708	639,768	898,314	547,430	517,091	654,278	441,991	480,156	609,428	791,466	944,482	714,957	1,294,047	989,332	791,466	
	Poèmes en prose, romans et contes	665,858	2,605,242	2,894,127	1,400,894	1,461,573	2,407,375	2,086,832	2,589,413	3,091,993	3,226,081	4,173,664	5,271,163	4,173,664	5,590,388	5,804,084	
	Philologues, critiques, mélanges, polygraphes, bibliographie	725,355	5,042,957	5,484,859	4,889,040	5,087,807	5,880,592	9,293,130	13,117,229	9,948,727	10,240,251	12,431,292	10,390,629	10,969,718	14,610,462	11,807,693	
	Poétique et poésie	786,913	2,463,677	2,571,592	3,889,628	2,454,888	2,616,306	2,068,733	2,531,404	2,457,426	3,131,258	3,337,121	3,814,294	4,317,383	5,099,927	6,178,470	
	Poésie dramatique	153,860	1,844,992	1,558,153	1,812,457	971,503	1,209,334	1,488,966	1,863,375	1,415,544	1,590,762	2,097,237	2,907,303	2,830,909	2,453,262	3,110,541	
	3,781,826	*15,755,904*	*16,042,626*	*13,352,920*	*11,528,363*	*14,154,269*	*17,040,321*	*21,980,338*	*19,040,860*	*20,436,803*	*24,689,405*	*25,108,069*	*23,474,686*	*31,286,615*	*30,205,158*	*280,878,763*
HISTOIRE	Géographie	853,106	1,188,887	1,511,586	417,609	577,459	997,065	1,220,857	803,248	997,066	1,252,827	1,029,037	1,188,887	2,185,954	1,414,676	1,768,345	
	Voyages	338,500	1,864,255	1,962,163	899,158	643,397	1,608,414	1,478,616	1,832,285	1,510,586	2,122,014	3,872,376	3,698,538	4,663,635	3,504,720	3,826,419	
	Chronologie		189,728	96,910	*	*	95,910	95,910	579,457	341,699	385,639	223,790	385,639	159,850	223,790	223,790	
	Antiquités, moeurs, coutumes, etc.	35,700	417,609	481,549	159,848	127,880	449,579	609,429	643,397	707,338	867,188	707,338	1,318,765	1,060,907	1,736,375	1,252,827	
	Histoire universelle	42,919	797,338	587,459	227,786	191,820	191,820	385,639	353,669	353,669	223,790	513,519	835,218	481,549	385,639	577,459	
	Histoire sacrée et ecclésiastique	191,125	803,248	1,029,037	417,609	223,790	675,368	707,338	2,927,260	2,122,014	1,864,255	1,672,434	1,156,917	1,350,735	2,637,531	2,927,260	
	Histoire ancienne, grecque, romaine et du Bas-Empire	387,241	1,124,947	1,542,556	289,728	417,609	819,233	545,489	255,760	835,218	513,519	675,368	899,157	931,128	931,128	1,446,546	
	Histoire moderne des différents peuples	139,892	1,124,947	1,061,007	835,218	1,154,919	1,286,795	1,092,977	2,058,073	1,836,375	3,248,959	2,347,802	3,440,180	4,857,454	3,312,899	4,469,816	
	Histoire de France	82,325	1,065,163	1,930,193	6,529,888	6,819,617	9,678,941	6,433,978	7,538,925	5,886,491	11,677,071	10,065,644	8,524,022	10,871,825	11,547,193	12,446,351	
	Biographie	1,303,083	3,408,809	2,829,353	3,698,538	7,301,167	3,151,051	4,953,364	4,182,086	4,148,117	4,277,996	2,733,441	6,274,128	4,985,334	6,851,687	8,939,540	
	Politique et polémique		42,950	33,405	2,751,184	7,952,904	1,512,793	3,192,615	3,550,165	4,209,098	6,715,899	4,516,906	3,920,378	2,331,229	3,579,165	1,579,604	
	3,375,891	*12,034,881*	*13,065,218*	*16,226,566*	*25,410,562*	*20,466,969*	*20,716,212*	*24,773,325*	*22,927,671*	*33,149,157*	*28,357,655*	*31,641,829*	*33,879,600*	*36,124,803*	*39,457,957*	*362,508,196*
	Objets divers, almanachs, etc.	1,885,869	9,079,629	8,162,882	3,600,648	2,042,510	2,629,493	2,970,707	3,047,062	2,562,682	2,121,251	3,424,067	3,302,376	3,555,303	3,944,240	3,886,973	56,215,684
	TOTAL GÉNÉRAL	.....	.....	.....	.....	.....	.....	.....	.....	.....	.....	.....	.....	.....	.....	.....	1,152,295,229

Lᴇs ᴛᴀʙʟᴇᴀᴜx qui précèdent, font connaître les produits annuels de l'Imprimerie française, mais sous le rapport littéraire seulement. Ces tableaux ne comprennent ni les feuilles quotidiennes, ni les impressions sorties de l'Imprimerie royale.

Comme nous ne considérions jusqu'ici les produits de la presse que sous le rapport moral, nous avons évité d'y comprendre les imprimés relatifs aux affaires de l'administration, ou à celles des particuliers. Mais les journaux ne peuvent être omis dans l'appréciation des effets de la liberté de la presse sur l'intelligence humaine. Les journaux naissent, meurent, se succèdent, et se partagent un nombre d'abonnements, qui ne varie pas beaucoup, et qu'on croit pouvoir évaluer au moins à soixante mille. Il en résulte que leur produit annuel est de 21,660,000 feuilles, qui ajoutées aux 128,011,046 feuilles sorties de la presse en 1825, forment un total de 149,671,046 feuilles. Ce qui, en calculant sur trois cent jours de travail dans l'année, donne par jour 498,903 feuilles, ou 41,575 volumes de 12 feuilles.

Ce résultat mathématique, fait connaître combien s'est étendu le besoin de la lecture, puisqu'il a doublé en dix ou douze ans, et combien il serait difficile d'établir un ordre de choses en opposition avec cette tendance des esprits.

Mais il faut considérer aussi cette activité de la presse comme une industrie commerciale importante, et apprécier les intérêts qui seraient compromis par les gênes qu'on veut lui imposer.

La papeterie, la fonderie en caractères d'imprimerie et la reliure concourent à la fabrication et au commerce des livres.

PAPETERIE.

Le premier élément de la papeterie est le chiffon. Le déchet du chiffon converti en papier est de quarante pour cent. Le produit des papeteries de France pouvant être évalué, comme on le verra plus bas, à 2,880,000 rames de papier, qui, à 17 livres chacune, poids moyen, donnent un poids total de 48,960,000 liv., la quantité de chiffon nécessaire, pour fournir à cette fabrication, doit être de 81,600,000 livres pesant. La plus grande partie est le produit de la vente que les pauvres et les établissements publics font de leur vieux linge. Mais, pour que ce vieux linge arrive aux papeteries, il faut que des acheteurs soient allés le

4

chercher dans les villes et dans les campagnes et que des voitures l'aient trans-
porté. Ce sont ces frais qui portent la valeur du chiffon à 8 francs au moins
le quintal de cent livres.

On estime que la masse des chiffons que fournissent les provinces peut être
évaluée aux 7/8 de la totalité : d'où il suit que les provinces vendent aux papeteries 71,600,000 livres pesant de chiffon, qui, à 8 fr. le cent, font 5,728,000 fr.
par an, et qui n'auraient absolument aucune valeur si on n'en trouvait cet
emploi.

A Paris, une partie considérable du chiffon est ramassée dans les rues. Le
nombre des personnes qui vivent de cette recherche varie et augmente sui-
vant la misère publique, mais on en évalue le nombre moyen à 4,000.

Elles ne ramassent pas seulement du chiffon ; les os, la vieille ferraille, les
débris de verrerie, sont aussi l'objet de leur recherche. La valeur du chiffon
n'y entre que pour un sixième. Un chiffonnier diligent gagne 36 sols par jour,
et par conséquent, les 4000 chiffonniers ramassent journellement, dans les
rues de Paris, pour 1200 francs de chiffon. Mais ce prix double lorsque le chiffon
a passé par les mains des maîtres chiffonniers, et des marchands en gros, qui
en font faire le triage et le lavage, opérations qui occupent à peu près 500
personnes.

Indépendamment des chiffons ramassés dans les rues, et dont le produit
journalier est d'environ 2400 francs ; les hospices, les revendeuses à la toi-
lette, et beaucoup de particuliers, par l'intermédiaire des marchands de peaux
de lapins, en fournissent à peu près autant.

La ville de Paris fournit donc aux manufactures de papier pour 4800 francs
de chiffon par jour, ce qui fait 1,752,000 francs par an.

Ainsi le produit total des chiffons ramassés dans le royaume, s'élève à
7,480,000 francs ; et par conséquent fait vivre à raison de 500 fr. par an, 14,960
personnes, dont la plupart appartiennent à la classe indigente, et dont la misère
s'aggraverait encore du moment où le chiffon tomberait à vil prix par la di-
minution de l'activité des papeteries.

Passons à la fabrication du papier.

En 1825, il existait en France 200 fabriques de papier réparties, ainsi qu'il
suit :

ÉTAT

DES PRINCIPALES PAPETERIES

EXISTANT DANS LE ROYAUME.

DEPARTEMENTS.	LIEUX.	NOMBRE. des établissements.	TOTAL.
Ain.	Nantua.	3	3
Alpes (Hautes).	Lasalle.	1	1
Ardèches.	Annonay.	4	4
Aube.	Troyes.	1	2
	Vandœuvre.	1	
Aveyron.	Cornus.	1	4
	Orlouhac.	1	
	Labastide.	1	
	Valagnils.	1	
Calvados.	Bayeux.	1	10
	Caen.	2	
	Vire.	7	
Charente.	Angoulême.	23	23
Côte-d'Or.	Touillon.	1	1
Creuse.	Felletin.	4	6
	St-Quentin.	1	
	Bourganeuf.	1	
Dordogne.	Bayac.	1	7
	Couse.	1	
	Sarlat.	5	
Doubs.	Lacour les Beaume.	1	1
Eure.	Le Mesnil.	2	7
	Montreuil l'Argile.	1	
	Reville.	3	
	Cailly-sur-l'Eure.	1	
Eure-et-Loir.	Montigny-sur-Avre.	1	4
	Saussay.	2	
	Frétigny.	1	
Finistère.	Landernau.	2	4
	Morlaix.	2	
Hérault.	Baderrieux.	2	2
Indre-et-Loire.	Loches.	1	1
Isère.	Paviot.	1	5
	Voiron.	3	
	Rives.	1	
Loir-et-Cher.	Vendôme.	2	2
Loire (Haute).	Monistrol.	1	1
Loiret.	Meung.	2	4
	Buges.	1	
	La Salle sur le Diez.	1	
Total.			92

4.

DÉPARTEMENTS.	LIEUX.	NOMBRE des établissements.	TOTAL.
	Report.....................	....	92
	Castel Jaloux	... 1	
Lot-et-Garonne	Lisle.............................	... 1	4
	Fumel.............................	... 2	
	Morannes.........................	... 1	
Maine-et-Loire	Seiches...........................	... 1	4
	Chaudron..........................	... 2	
	Sourdeval.........................	3	
	St-Barthélemi......................	1	
Manche.............	Beauficels	1	6
	Vengeous..........................	... 1	
Marne.............	Écury sur Coole....................	... 1	2
	Saint-Martin-d'Albois	... 1	
Meurthe.............	Abrecheviller......................	... 1	1
Meuse.....	Void..............................	... 1	1
Moselle...........	Mainbotel.........................	... 1	2
	Jarny.............................	... 1	
	Wazemmes.........................	... 1	
Nord.............	Esquermes.........................	... 1	3
	St-Python.........................	... 1	
Oise	Glaignes..........................	... 1	1
Pas-de-Calais.......	St-Omer	... 5	5
Puy-de-Dôme	Ambert............................	6	12
	Thiers............................	6	
Pyrénées (Hautes)....	Tarbes............................	... 2	4
	Bagnères-de-Bigorre...............	... 2	
Pyrénées-Orientales..	Prades............................	... 1	1
Rhin (Haut)........	Munster	3	4
	Gernay............................	... 1	
Rhône	Beaujeu...........................	... 1	1
Saône (Haute).......	St-Bresson........................	... 1	1
	Challes	... 1	
Sarthe.............	Pincé	... 1	3
	Poncé.............................	... 1	
	Le marais.........................	... 2	
Seine-et-Marne......	Cercanceaux	... 1	4
	Courtalin	... 1	
Seine-et-Oise	Essonne	... 1	1
Seine-Inférieure	Bapeaume	... 1	5
	Maromme	4	
Deux-Sèvres........	Niort.............................	... 2	2
Somme	Abbeville	... 1	1
Tarn.............	Castres	... 4	4
Tarn-et-Garonne	St-Antonin........................	... 1	1
Var	Barjols	... 4	4
Vienne	Poitiers...........................	... 1	1
Vienne (Haute)......	Limoges...........................	... 6	12
	St-Léonard........................	... 6	
	Total.............................		182

DÉPARTEMENTS.	LIEUX.	NOMBRE des établissements.	TOTAL.
	Report......................	....	182
	Épinal	... 5	
	Rambervillers...............	... 2	
	Arches et Archettes	... 1	
	Dinozé.....................	... 1	
VOSGES.............	Docelle.....................	... 2	15
	Vraichamp..................	... 1	
	Laval	... 1	
	Plombières.................	... 1	
	Étival	... 1	
YONNE.............	Avallon.....................	... 2	2
	TOTAL......................		199

Le nombre des cuves en activité dans ces 200 établissements s'élève à 1200. Chaque cuve occupant au moins 15 personnes, le nombre des ouvriers employés dans les papeteries ne s'élève pas à moins de 18,000, sans compter ceux qui sont employés à la préparation des acides et des colles, les mécaniciens, les fabricants de feutres et de formes, tous les ouvriers qui concourent à la construction des bâtiments et des machines, et tous les employés qui s'occupent de la vente des papiers et des comptes commerciaux. Il n'y a donc aucune exagération à affirmer que plus de 30,000 personnes tirent leur existence immédiate de la fabrication du papier. A Paris seulement le commerce du papier occupe 367 magasins et celui des cartons 98.

Chaque cuve produit par jour 8 rames de papier, d'où il suit qu'en un an, ou en 300 jours de travail, les 1200 cuves doivent produire 2,880,000 rames. Sur cette quantité, on estime qu'il y a

en papier à enveloppe, à sucre, et à tapisserie.............. 850,000 rames

en papier à écriture ou à dessin......................... 1,100,000

en papier à impression................................ 930,000

Mais il n'y a guères que les deux cinquièmes de ce qui s'imprime, qui entrent dans ce qu'on appèle le commerce de la librairie ; le reste est consommé par les actes du gouvernement ou de l'administration, par les affiches, et les affaires des particuliers.

Les actes de l'administration, les affiches, les impressions relatives aux affaires privées, ne sont qu'une fabrication commercialement stérile. Au contraire la fabrication qui reçoit une valeur de la pensée, devient un objet de commerce infiniment productif pour la nation. On peut s'en faire une idée par le relevé des marchandises qui sont annuellement exportées à l'étranger, par la douane de Paris.

	En 1822.	En 1823.
Carton moulé..........................	82,410 fr.	115,770 fr.
Papier .... Blanc..........	93,800	68,910
Colorié pour reliure........	21,080	34,620
Peint pour tentures.........	909,484	726,742
Librairie............................	2,473,969	2,634,050
Cartes géographiques.....................	39,450	36,510
Cartes à jouer............................	....	20,860
Gravures............................	223,381	218,500
Musique gravée	46,999	56,310

Encore faut-il observer que les déclarations des valeurs exportées sont en général fort inférieures à la valeur réelle.

CARACTÈRES.

Après le papier, le second objet des besoins matériels de l'imprimerie consiste dans les caractères, dont la fabrication occupe le nombre d'établissements ci-après :

ÉTAT DES FONDERIES EN CARACTÈRES D'IMPRIMERIE

EXISTANT DANS LE ROYAUME EN 1825.

A Paris...	24
A Lille...	1
A Nancy...	1
A Strasbourg...	1
A Lyon...	2
A Bordeaux...	6
	35

Ces établissements occupent mille ouvriers fondeurs, apprêteurs, mécaniciens, ou stéréotypeurs. Les produits de cette fabrication peuvent être évalués à 650,000 fr. par an.

On compte à Paris vingt-quatre graveurs en lettres.

ENCRE.

La fabrication de l'encre d'imprimerie occupe à Paris seulement sept établissements, qui produisent annuellement 38,000 kilogrammes d'encre, dont le prix moyen est de 4 fr. le kilogramme, ce qui donne un produit total de 152,000 fr. Mais, pour avoir la consommation de l'encre dans tout le royaume, il faut doubler cette somme; et comme l'encre est employée à toutes les impressions de l'administration ou des particuliers, que nous ne comprenons pas dans les produits de la librairie, il ne faut prendre, comme entrant dans les frais de l'imprimerie littéraire, que les 2/5es de ces 300,000 fr. Il faut donc conclure que l'encre d'impression entre dans les frais de la librairie pour 120,000 fr.

D'autres arts concourent plus ou moins constamment avec celui de l'imprimerie à la fabrication des livres, comme

Les imprimeurs lithographes, qui sont à Paris au nombre de 30.... et dans les départements de ....27....	57
Les imprimeurs en taille-douce, qui sont à Paris au nombre de......	82
Les graveurs en taille-douce, qui sont à Paris au nombre de..........	202
Les graveurs sur bois, qui sont à Paris au nombre de................	9
Les dessinateurs, dont le nombre n'est pas connu.....................	»
Les graveurs en géographie et topographie, qui sont à Paris au nombre de	23
Les graveurs en musique, qui sont à Paris au nombre de............	17
Les enlumineurs de cartes, qui sont à Paris au nombre de............	300
Les parcheminiers, qui sont à Paris au nombre de....................	5
	695

Mais ces sept cents artistes, ou ouvriers, et leurs collaborateurs n'étant pas uniquement occupés pour l'imprimerie, il n'est pas possible d'assigner la part qu'ils ont dans l'exploitation de ce genre d'industrie.

ÉTAT

DES ÉTABLISSEMENTS D'IMPRIMERIE

EXISTANT DANS LE ROYAUME EN 1825.

DÉPARTEMENTS.	VILLES.	NOMBRE des imprimeurs.	TOTAL par départements.
AIN	Belley	1	
	Bourg	2	
	Nantua	1	5
	Trévoux	1	
AISNE	Chateau Thierry	1	
	Chauny	1	
	Laon	3	8
	St.-Quentin	2	
	Soissons	1	
ALLIER	Moulins	2	2
ALPES (BASSES)	Digne	1	1
ALPES (HAUTES)	Gap	2	2
ARDÈCHE	Privas	2	3
	Tournon	1	
ARDENNES	Charleville	1	
	Givet	1	
	Mésières	1	6
	Rethel	1	
	Sedan	2	
ARRIÈGE	Foix	1	2
	Pamiers	1	
AUBE	Bar-sur-Aube	1	
	Bar-sur-Seine	1	8
	Nogent-sur-Seine	1	
	Troyes	5	
AUDE	Carcassonne	3	
	Castelnaudary	1	7
	Limoux	1	
	Narbonne	2	
AVEYRON	Rhodez	1	
	Milhau	1	3
	Villefranche	1	
BOUCHES-DU-RHÔNE	Aix	5	
	Marseille	11	19
	Tarascon	2	
	Arles	1	
CALVADOS	Bayeux	3	
	Caen	7	
	Falaise	3	17
	Lisieux	1	
	Pont-l'évêque	1	
	Vire	2	
TOTAL			83

DÉPARTEMENTS.	VILLES.	NOMBRE des imprimeries.	TOTAL par départements.
	Report		83
CANTAL	Aurillac	2	
	Saint Flour	1	3
CHARENTE	Angoulême	4	4
CHARENTE-INFÉRIEURE	La Rochelle	4	
	Rochefort	3	
	Saintes	3	11
	St-Jean-d'Angély	1	
CHER	Bourges	3	3
CORRÈZE	Brives	1	
	Tulle	1	2
CORSE	Ajaccio	1	
	Bastia	1	2
CÔTE-D'OR	Arnay-le-Duc	1	
	Beaune	1	
	Châtillon-sur-Seine	1	8
	Dijon	4	
	Semur	1	
CÔTES-DU-NORD	Dinan	1	
	Saint Brieux	2	3
CREUSE	Guéret	2	2
DORDOGNE	Bergerac	1	
	Périgueux	3	
	Riberac	1	6
	Sarlat	1	
DOUBS	Besançon	6	
	Monbteillard	1	8
	Pontarlier	1	
DROME	Die	1	
	Montélimart	1	5
	Valence	3	
EURE	Andelys	1	
	Bernay	1	
	Évreux	2	6
	Louviers	1	
	Pont-Audemer	1	
EURE-ET-LOIR	Chartres	3	
	Château-Dun	1	6
	Dreux	1	
	Nogent-le-Rotrou	1	
FINISTÈRE	Brest	4	
	Morlaix	2	7
	Quimper	1	
GARD	Alais	1	
	Nîmes	2	4
	Uzès	1	
GARONNE (HAUTE)	Saint-Gaudens	1	13
	Toulouse	12	
GERS	Auch	2	
	Condom	1	4
	Ile Jourdain	1	
	TOTAL		180

DÉPARTEMENTS.	VILLES.	NOMBRE des imprimeries.	TOTAL par départements.
	Report	....	180
	Blaye.	1	
GIRONDE	Bordeaux	15	17
	Libourne.	1	
	Béziers	3	
	Cette.	1	
HÉRAULT	Montpellier.	6	11
	Pézenas	1	
	Fougères.	1	
	Rennes.	5	
ISLE-ET-VILAINE	Saint Malo.	2	9
	Vitri.	1	
	Châteauroux.	2	
	Issoudun.	1	
INDRE	La Châtre.	1	5
	Le Blanc.	1	
	Amboise.	1	
	Chinon.	1	
INDRE-ET-LOIRE	Loches	1	5
	Tours	2	
	Bourgoin.	1	
ISÈRE	Grenoble.	4	6
	Vienne	1	
	Arbois.	1	
	Dôle.	2	
JURA	Lons-le-Saunier.	2	6
	Salins	1	
LANDES	Dax.	1	3
	Mont-de-Marsan.	2	
	Blois.	2	
LOIR-ET-CHER	Romorantin	1	6
	Vendôme	3	
	Montbrison	2	
LOIRE	Roanne.	2	6
	Saint Étienne	2	
LOIRE (HAUTE)	Brioude	1	4
	Le Puy.	3	
LOIRE-INFÉRIEURE	Nantes	6	6
	Gien	1	
LOIRET	Montargis.	1	8
	Orléans.	5	
	Pithiviers	1	
	Cahors	2	
LOT	Figeac.	1	4
	Gourdon.	1	
	Agen	3	
LOT-ET-GARONNE	Marmande	1	5
	Tonneins.	1	
LOZÈRE	Mende.	1	1
	Angers.	2	
MAINE-ET-LOIRE	Chollet	1	4
	Saumur.	1	
	Report		286

DÉPARTEMENTS.	VILLES.	NOMBRE des imprimeries.	TOTAL par départements.
	Report.....................	....	286
	Avranches........................	1	
	Cherbourg........................	1	
MANCHE............	Coutances........................	2	9
	Saint Lô.......................	3	
	Valogne..........................	2	
	Châlons..........................	3	
	Épernai..........................	2	
MARNE............	Reims............................	3	11
	Saint-Ménéhould..................	1	
	Vitry............................	2	
	Chaumont.........................	2	
	Joinville........................	1	
MARNE (HAUTE)......	Langres..........................	2	7
	Saint Dizier.....................	1	
	Vassy............................	1	
MAYENNE............	Laval............................	2	4
	Mayenne..........................	2	
	Lunéville........................	1	
	Nancy............................	6	
	Pont-à-Mousson...................	1	
MEURTHE..........	Sarrebourg.......................	1	11
	Vézelise.........................	1	
	Vic..............................	1	
	Bar-le-Duc.......................	3	
	Commmercy........................	1	
	Montmédy.........................	1	
MEUSE............	Saint Mihiel.....................	1	9
	Stenay...........................	1	
	Verdun...........................	2	
MORBIHAN..........	Lorient..........................	3	5
	Vannes...........................	2	
	Metz.............................	6	
MOSELLE..........	Sarreguemine.....................	1	8
	Thionville.......................	1	
	Clamecy..........................	1	
NIÈVRE............	Cosne............................	1	5
	Nevers...........................	3	
	Avesnes..........................	1	
	Bergues..........................	1	
	Cambrai..........................	2	
	Douai............................	5	
NORD............	Dunkerque........................	5	27
	Hazebrouck.......................	1	
	Lille............................	9	
	Maubeuge.........................	1	
	Valenciennes.....................	2	
	Beauvais.........................	2	
	Clermont.........................	1	
OISE............	Compiègne........................	1	7
	Noyon............................	2	
	Senlis...........................	1	
5.	*Report*.........................		389

DÉPARTEMENTS.	VILLES.	NOMBRE des imprimeries.	TOTAL par départements.
	Report......	....	389
	Alençon.....	3	
	Argentan.....	1	
ORNE.....	Domfront.....	1	7
	Laigle.....	1	
	Mortagne.....	1	
	Arras.....	4	
	Béthune.....	1	
PAS-DE-CALAIS.....	Boulogne.....	2	12
	Calais.....	2	
	Saint Omer.....	3	
	Ambert.....	1	
PUY-DE-DÔME.....	Clermont.....	3	8
	Riom.....	3	
	Thiers.....	1	
PYRÉNÉES (BASSES).....	Bayonne.....	3	7
	Pau.....	4	
PYRÉNÉES (HAUTES).....	Bagnères.....	1	3
	Tarbes.....	2	
PYRÉNÉES-ORIENTALES.....	Perpignan.....	2	2
	Châtenois.....	1	
	Haguencau.....	1	
	Saverne.....	1	
RHIN (BAS).....	Schelestadt.....	1	11
	Strasbourg.....	6	
	Wissembourg.....	1	
	Altkirch.....	1	
	Béfort.....	1	
RHIN (HAUT).....	Colmar.....	2	5
	Mulhausen.....	1	
RHÔNE.....	Lyon.....	14	15
	Villefranche.....	1	
	Gray.....	1	
SAÔNE (HAUTE).....	Lure.....	1	3
	Vesoul.....	1	
	Autun.....	2	
	Châlons.....	2	
SAÔNE-ET-LOIRE.....	Charolles.....	1	7
	Macon.....	2	
	Château-du-Loir.....	1	
	La Flèche.....	1	
SARTHE.....	Le Mans.....	4	7
	Mamers.....	1	
	Coulomiers.....	1	
	Fontainebleau.....	1	
SEINE-ET-MARNE.....	Meaux.....	2	7
	Melun.....	2	
	Provins.....	1	
	Corbeil.....	1	
	Étampes.....	1	
	Mantes.....	1	
SEINE-ET-OISE.....	Pontoise.....	1	8
	Saint-Germain.....	1	
	Versailles.....	3	
	TOTAL.....	.....	491

DÉPARTEMENTS.	VILLES.	NOMBRE des imprimeries.	TOTAL par départements.
	Report		491
SEINE	Paris	82	82
SEINE-INFÉRIEURE	Dieppe	1	
	Fécamp	1	
	Le Havre	3	
	Neufchâtel	1	17
	Rouen	9	
	Yvetot	2	
DEUX-SÈVRES	Niort	1	
	Parthenay	1	3
	Saint Maxient	1	
SOMME	Abbeville	2	
	Amiens	5	
	Doullens	1	10
	Mont-Didier	1	
	Péronne	1	
TARN	Alby	2	4
	Castres	2	
TARN-ET-GARONNE	Moissac	1	3
	Montauban	2	
VAR	Brignolle	1	
	Draguignan	1	
	Grasse	1	7
	Toulon	4	
VAUCLUSE	Apt	1	
	Avignon	12	
	Carpentras	3	17
	Orange	1	
VENDÉE	Bourbon-Vendée	2	
	Fontenay	2	5
	Sables d'Olonne	1	
VIENNE	Chatellerault	1	
	Loudun	1	
	Montmorillon	1	5
	Poitiers	2	
VIENNE (HAUTE)	Limoges	6	6
VOSGES	Bruyeres	1	
	Épinal	3	
	Mirecourt	1	
	Neuf-Château	2	9
	Remiremont	1	
	Saint-Dié	1	
YONNE	Auxerre	2	
	Avallon	1	
	Joigny	1	6
	Sens	1	
	Tonnerre	1	
TOTAL			665

Ce nombre d'établissements d'imprimerie paraît considérable, cependant il ne faut pas oublier que tous ne sont pas occupés. On ne comptait en 1825 que 1550 presses en activité, savoir : dans Paris 850, y compris celles de l'Imprimerie royale, au nombre d'environ 80, et à peu près 700 dans les départements.

Ces 1550 presses, à raison de deux rames d'impression par jour et pour 300 jours, ont consommé dans l'année 930,000 rames de papier dont deux cinquièmes en livres et le reste en impressions pour l'administration publique ou pour les affaires des particuliers.

Cet emploi de 372,000 rames de papier en livres a produit 186,000,000 de feuilles, et l'exactitude de cette évaluation, se trouve pleinement confirmé par les tableaux ci-dessus, puisque nous venons de calculer qu'en 1825, les presses de la France, sans y comprendre celles de l'Imprimerie royale avaient donné 149,671,046, de feuilles. Il faut y ajouter :

1° Les produits de l'Imprimerie royale en livres.

2° Les nouveaux tirages des ouvrages que l'on a gardés composés, comme on le fait pour la plupart des livres classiques et pour quelques dictionnaires.

3° Quelques éditions clandestines, en très-petit nombre, dont le bulletin de la librairie ne peut faire mention.

4° Les mémoires du palais non sujets à la déclaration.

On peut donc regarder comme constant que la presse à produit en livres pendant cette année de 13 à 14,000,000 de volumes, dont plus de 400,000 sont sorties des seules presses de MM. Firmin Didot.

Après avoir évalué le produit matériel de l'imprimerie, il faut s'occuper d'évaluer les matières qu'elle consomme et les personnes qu'elle fait vivre.

D'abord 372,000 rames de papier employées uniquement à l'impression des livres, doivent être estimées, terme moyen à 13 fr. 50 c., qui font une somme de 5,022,000 fr.

La valeur de l'encre employée à l'impression des livres a été évaluée ci-dessus à 120,000 francs.

Les frais d'établissement des imprimeries sont fort difficiles à estimer avec quelque précision. L'excellent esprit qui dirige depuis quelques années, les recherches statistiques sur la ville de Paris, nous fournira à cet égard quelques données, que nous nous permettrons de lui emprunter.

Il évalue d'abord (volume de 1823, tableau 91) la valeur du mobilier des établissement en presses, caractères, etc., etc., à une somme qui revient à 9,333 francs par presse. Ce qui, pour 1550 presses, qui sont en activité dans le royaume, forme un capital de 14,466,150 francs. Une grande partie de ce mobilier se consommant rapidement, on ne peut pas calculer à moins de

10 pour cent, l'intérêt de ce capital. Cet intérêt s'élève donc à 1,446,615 fr. Mais, comme nous l'avons dit plus haut, le travail des presses n'étant pas entièrement consacré à produire des livres, et ce produit ne s'élèvant guères qu'aux 2/5 de la fabrication générale, il s'ensuit que la fabrication des livres ne doit supporter que les 2/5 de la dépense annuelle de l'établissement, c'est-à-dire 578,646 francs.

La valeur des bâtiments ne pouvait guères être soumise à une estimation uniforme. Il a paru plus juste de prendre pour base un prix de loyer; et en ajoutant à la location, les impositions et la patente de l'imprimeur, on a adopté pour la capitale le prix moyen de 2,700 fr. Cette dépense paraîtrait devoir être moindre dans les provinces; mais si, d'une part, les loyers y sont moins chers, il faut considérer que, d'une autre part, les établissements quoique assez spacieux dans les provinces contiennent beaucoup moins de presses. On voit, en effet, que 579 imprimeries de province, ne contiennent pas à elles toutes autant de presses que les 82 établissements de la capitale. J'ai pensé qu'on approcherait d'une appréciation plus exacte, en répartissant sur les presses la dépense moyenne indiquée ci-dessus. Il en résulte qu'à Paris, la fraction des 2,700 fr, de loyer, d'impositions et de patente, que supporte chaque presse, revient à 360 fr., ce qui n'a plus rien d'exagéré pour les départements. Il s'ensuit que les 1,550 presses existant dans le royaume coûtent ensemble, pour frais de location, impositions et patentes, 558,000 f. par an, dont les 2/5 applicables à la fabrication des livres, font 223,200 fr.

Dans la statistisque de la Seine, on a évalué le renouvellement et l'entretien des caractères, presses, balles, rouleaux, chassis, etc, à 10 fr. par presse, et par jour de travail. Cette estimation parait trop considérable. On croit pouvoir la réduire de moitié, surtout eu égard aux presses de province qui sont entretenues à moins de frais.

1550 presses à 5 fr. par jour, et en calulant sur trois cents jours de travail, dóivent donc coûter d'entretien annuel 2,325,000 fr., dont les 2/5 applicables à la fabrication des livres, font 93,000 fr.

Passons maintenant à la dépense qu'occasionnent les ouvriers.

Chaque presse emploie 2 ouvriers pressiers, et 3 compositeurs, total pour 1550 presses, 7,750 ouvriers, à quoi il faut ajouter les protes, les correcteurs d'épreuves, et tous ceux qui ont des rapports avec l'imprimerie, comme mécaniciens, graveurs, imprimeurs en taille douce, lithographes, etc., de sorte qu'on ne peut pas compter moins de 10,000 personnes employées au travail de l'imprimerie. Les protes et les correcteurs gagnent 45 fr. par semaine, les ouvriers sont payés savoir : les compositeurs à raison de 4 fr. 50 c. par jour de travail, et les pressiers à raison de 4 fr. Il en résulte qu'il en coûte,

Pour 3oo jours de travail pour 4,65o compositeurs. . . . .   6,277,5oo fr.

Pour 3oo jours de travail et pour 3,1oo pressiers.   3,720,000

Pour 2,25o graveurs, protes et correcteurs, etc. par an. . . . .   5,265,000 fr.

Total. 15,262,5oo

Les 2/5 de cette dépense, applicables à la fabrication des livres, font 6,1o5,ooo fr.

En sortant de la presse, les livres subissent deux opérations. Quelques-uns sont satinés, presque tous doivent être brochés.

Le satinage emploie quatre cents personnes, et coute, pour 13,5oo,ooo volumes, 2o2,5oo fr.

La brochure consiste à assembler, plier, et coudre les feuilles. Ces opérations se font à Paris dans vingt-deux ateliers spéciaux; mais indépendamment de ces ateliers, il y a des brocheurs répandus chez tous les imprimeurs, libraires et relieurs; et on ne peut pas évaluer le nombre de ces ouvriers à moins de 1,2oo Le prix de la brochure d'un volume étant de 1o centimes, et le nombre des volumes brochés étant à peu près de 9,125,ooo, c'est-à-dire des 3/4 de ce qui s'imprime, la dépense totale s'élève à 912,5oo fr.

Aux dépenses que nous venons de détailler, il faut ajouter l'intérêt des avances faites par l'imprimeur. Ces dépenses sont :

Pour l'achat du papier.   5,022,000

Pour l'encre d'impression.   120,000

Pour les frais d'établissement mobilier (l'intérêt en a été calculé ci-dessus).   »

Pour les loyers, contributions et patentes. 223,2oo

Pour l'entretien des presses 93o,ooo

Pour le salaire des ouvriers. 6,1o5,ooo

Pour le satinage. 2o2,5oo

Pour la brochure 912,5oo

Total des avances de fonds. 13,515,2oo

L'intérêt de ces avances doit être calculé à raison de 6 pour cent, qui est le taux du commerce, et pour un an. 81o,912

Il faut reporter ici l'intérêt des frais d'établissement mobilier.   578,646

Total des frais. 14,9o4,758

Il conviendrait de porter ici les rétributions que l'imprimerie paye aux gens de lettres, mais il faut considérer 1° que la réimpression des ouvrages tombés dans le domaine public ne donne aucune rétribution ; 2° que beaucoup de gens de lettres ne peuvent ou ne veulent rien exiger pour le prix de leurs manuscrits ; 3° que ceux qui en traitent avec les éditeurs n'en obtiennent qu'un prix bien modique payé la plupart du temps en exemplaires ou

Report........ 14,904,758 fr.

sur le produit de la vente ; de sorte qu'on ne croit pas s'écarter de la vérité
en estimant que la part des gens de lettres sur le prix de leurs ouvrages
ne s'élève pas à plus de... 500,000

15,404,758

Bénéfice de l'imprimeur, à 13 pour cent............................ 2,002,618

17,407,376

Cette somme, répartie sur 13 ou 14 millions de volumes de 12 feuilles (supposons 13,500,000 feuilles), donne 1 fr. 28 c. de frais pour chacun.

L'exactitude de ce résultat se trouve confirmée par le calcul du prix commun
de la feuille d'impression.

Les volumes in-8° sont ordinairement composés de 28 à 30 feuilles.

En établissant, terme moyen, les volumes à 12 feuilles, on a eu égard au
grand nombre de volumes imprimés dans les formats au-dessous de l'in-8°,
et qui se composent ordinairement,

Les in-12, de 10 à 12 feuilles,
Les in-18, de 6 à 8 feuilles,
Les in-32, de 4 à 6 feuilles.

On doit donc estimer les frais de fabrication des 12 feuilles (prises pour
terme moyen des volumes), non pas sur le prix ordinaire de l'in-8°, mais sur
le prix moyen des divers formats.

PRIX PAYÉS AUX COMPOSITEURS, POUR UNE FEUILLE D'IMPRESSION.

EN GROS CARACTÈRES.	EN CICERO.	EN PETIT ROMAIN.	EN PETIT TEXTE.	EN PETITS CARACTÈRES.
fr. fr				
Pour l'in-f° de 8 à 12, soit 10				
Pour l'in-4° de 8 à 12, soit 10	fr. fi	fr. fr	fi. fr	fr fr
Pour l'in-8°............,....	de 10 à 14, soit 12 la feuille.	de 18 à 20, soit 19	de 24 à 30, soit 27	de 46 à 110, soit 78
Pour l'in-12.............,....	de 12 à 16, soit 14	de 20 à 22, soit 21	de 26 à 32, soit 29	de 46 à 110, soit 78
Pour l'in-18...............	de 16 à 18, soit 17	de 20 à 24, soit 22	de 26 à 32, soit 29	de 46 à 110, soit 78
Pour l'in-32...............		de 28 à 32, soit 30	de 36 à 40, soit 38	de 46 à 110, soit 78

Le prix moyen de la composition pour l'in-8° est de 12, 19, 27, 78 fr ; mais
on imprime beaucoup plus d'in-8° en caractères moyens qu'en petits caractères, et on peut en évaluer le nombre aux 3/4 des ouvrages publiés dans ce
format : d'où il résulte que sur 12 ouvrages, il y en a .

9 à 12............................... 108 fr.
1 à 19............................... 19
1 à 27............................... 27
1 à 78............................... 78

232 fr.

Le prix moyen est donc de .... 17 fr. 66 c.

La masse des impressions in-8° égale à peu près la moitié de tout ce qui sort de l'imprimerie. Par conséquent, sur 8 ouvrages,

4 in-8° à fr. 17 fr. 66 c............	70 fr.	64 ct.
1 in-f° ou in-4°..................	10	
1 in-12 prix moyen................	35	50
1 in-18 idem........	36	50
1 in-32 idem....................	48	66
	201 fr.	30 c.
Prix moyen sans distinction de format..	25 fr.	16 c.

Le prix du tirage par mille exemplaires pour l'in-f°, l'in-4°, in-8° et l'in-12 est

de 10 à 12 fr., terme moyen..................	11 fr.
Pour l'in-18 de 10 à 14......................	12
Pour l'in-32 de 10 à 18......................	14

On peut donc établir ainsi le prix de la feuille d'impression.

Prix moyen de la composition à	25 fr.	16 c.
Et celui du tirage à 1000, à	11	
Prix total payé aux ouvriers compositeurs et pressiers...	36	16
Frais généraux ou étoffes $\frac{1}{5}$, bénéfices $\frac{1}{4}$............	27	12
	63 fr.	28 c.
Papier, 2 rames 2 mains, à 13 fr. 50 c...............	28	35
Prix total de la feuille.............	91 fr.	63 c.

A quoi il convient d'ajouter le prix des corrections, remaniements, tableaux, tables, notes, opérations algébriques, langues grecque ou étrangères, qui se paient souvent le double, les planches et gravures, enfin les frais de traducteurs, copistes, etc.

Si on admet qu'en définitive le prix de chaque feuille tirée à 1000 exemplaires soit de 91 fr. 63 c., il en résulte que les 12 feuilles revenant à 1099 fr. 56 c.; le prix coûtant de chaque volume sera de 1 fr. 10 ct. ce qui ne s'éloigne pas beaucoup de l'évaluation que donne le calcul fait ci-dessus.

RELIURE.

En sortant de l'imprimerie, une partie des livres passe dans l'atelier de reliure.

On ne peut guère évaluer l'importance de ce genre d'industrie par ses produits, parce qu'on ne saurait déterminer avec quelque précision le nombre de volumes qui restent brochés, et de ceux qui sont cartonnés ou reliés. La seule base qu'on puisse trouver, pour apprécier le résultat de ce travail, est le nombre des ouvriers qu'il emploie. On compte à Paris 132 maîtres relieurs; mais il faut y ajouter un grand nombre d'ouvriers qui travaillent en chambre et les relieurs des départements, de sorte qu'il faut compter sur environ 300 établissements qui occupent 1,200 ouvriers. Ces ouvriers gagnent, savoir :

Les 300 plus habiles 4 fr. par jour	1,200 fr.
Les 400 qui le sont moins 2 fr. 50 c	1,000
500 femmes ou apprentis à 2 fr	1,000
	3,200 fr.
Et pour 300 jours de travail	960,000 fr.

On estime que les peaux, cartons et autres matières qui sont employés à la reliure ne peuvent être évalués à moins d'un million... 1,000,000 fr.

Enfin il faut ajouter le gain du chef de l'atelier, son loyer, sa patente, ses contributions et l'intérêt du capital que son atelier représente.

On ne peut guère estimer le loyer à moins de	400 fr.
Contributions, patente et dixième du loyer	100
Intérêt du capital de l'atelier	100
Bénéfice	1000
	1600 fr.
Pour les 300 ateliers	480,000
	2,440,000 fr.

Nous venons de voir que 13,500,000 volumes imprimés, en sortant de la presse coûtent .... 17,407,376 fr.

Pour la reliure au moins 2,440,000

Il faut ajouter pour les planches et cartes dont ils sont souvent accompagnés, pour les tables, tableaux et frais extraordinaires qu'occasionnent les livres en langues étrangères ou de mathématiques, etc., environ 10 pour cent des frais d'impression 1,740,737

21,588,113 fr.

Cette somme divisée, par 13,500,000 volumes, donne pour chacun 1 fr. 61 c.

LIBRAIRIE.

C'est ici que commence le commerce de la librairie, dont les frais se composent de loyers de magasins, contributions, brevets, patentes, écritures, frais d'emballage, transports, avances de capitaux, mécomptes sur le produit des livres qui restent invendus.

On compte à Paris 480 libraires et 84 bouquinistes............ 664
Et dans les départements............................... 922
_____
1,586

Ce grand nombre d'établissements donne une idée des frais qu'ils occasionnent, et du nombre de personnes que ce commerce fait vivre.

On évalue à 1/5me de la fabrication la somme des livres imprimés qui restent invendus; par conséquent, ce cinquième de perte vient accroître le prix des volumes achetés par le public, et le porte, pour le libraire, de 1 fr. 61 c. à 2 fr. 1 c. Les autres frais du commerce de la librairie et le bénéfice du commerçant augmentent le prix commun du volume de douze feuilles, et le font monter pour le public à 2 fr. 50 c.

Il résulte de là que 13,500,000 volumes produisent dans le commerce une valeur réelle de 33,750,000 fr.

Cette somme comprend depuis le salaire du chiffonnier jusqu'au bénéfice du libraire et aux honoraires du poète épique. Si nous supposons ce produit réparti également à raison de mille francs par tête, on voit que cette industrie fait vivre 33,750 personnes et peu importe en dernière analyse l'inégalité de la répartition, car le luxe appelle nécessairement les classes inférieures au partage de l'opulence.

En résultat, l'industrie de la presse crée annuellement une valeur de près de 34 millions, et cette création est d'autant plus réelle, d'autant plus profitable que la matière première que cette industrie manipule se compose d'objets presque sans valeur. Pour la papeterie, du chiffon, pour l'imprimerie, du noir de fumée, un peu d'huile, du plomb et quelques peaux, sont les seuls objets appréciables que les papeteries, l'imprimerie et la reliure enlèvent à d'autres industries. Dans le langage de l'économie politique, le travail est la mesure de toutes les valeurs, mais on peut dire non moins justement, que la plus noble de toutes les puissances, la puissance intellectuelle, change la stérile matière en objets précieux, et tel est le privilége de la pensée, qu'à elle seule appartiennent les créations.